LA SCIENCE

EN MINIATURE.

TOME PREMIER.

PARIS.—IMPRIMERIE DE CASIMIR,
rue de la Vieille-Monnaie, n° 12.

Le Vannier.

LA SCIENCE

EN MINIATURE,

ou

COLLECTION

DES ARTS ET MÉTIERS UTILES,

MISE A LA PORTÉE

DE LA JEUNESSE;

OUVRAGE IMITÉ DE L'ANGLAIS,

SUR LA TROISIÈME ÉDITION,

Et enrichi de vingt-quatre Gravures en taille-douce, ainsi
que de la Description de différens Procédés nouveaux
suivis en Angleterre.

PAR T. P. BERTIN.

TOME PREMIER.

A Paris,

CHEZ LEDENTU, LIBRAIRE,

QUAI DES AUGUSTINS, N° 31.

1833.

PRÉFACE.

La connaissance des arts
et métiers, en même temps
qu'elle instruit l'homme de
différens procédés utiles
qu'il peut mettre à profit
lui-même dans l'occasion,
lui rend encore un autre

service non moins essen-
tiel; elle lui apprend une
langue dont il a besoin
pour se faire entendre des
ouvriers qu'il occupe, ou
pour les comprendre lui-
même. Il est un troisième
avantage attaché à la science
des arts et métiers, c'est de
servir les intérêts de celui
qui la possède.

Le jeune homme qui,
par exemple, aura acquis
la moindre teinture de l'art

du menuisier, saura qu'il est plusieurs espèces de bois dans le même corps d'arbre, que l'aubier et le cœur du chêne sont aussi différens entre eux par leurs propriétés que le fer et le plomb.

Comment, d'après ces considérations, les parens pourraient-ils hésiter à mettre dans les mains de leurs enfans un ouvrage qui les met à même, sans quitter le toit paternel, de parcourir les ateliers des professions les plus utiles, et d'examiner les diverses manipulations qui s'y pratiquent.

Un jeune homme bien né ne rougit-il pas en quelque sorte d'ignorer la composition des choses qui sont perpétuellement sous ses yeux, et n'éprouve-t-il pas au contraire une satisfaction réelle lorsqu'en lisant la description des produits des arts, il reconnaît, pour ne citer qu'un exemple, que le savon, qui se fait de deux substances, l'une grossière, telle que la soude ou la potasse, et l'autre grasse, telle que l'huile ou le suif, est l'article le plus utile à la propreté?

L'examen de ce composé, qui n'a aucune des propriétés séparées de ses parties constituantes, pique sa curiosité, échauffe son imagination, et il se demande comment les Grecs et les Romains, qui ignoraient l'usage du linge et du savon, pouvaient entretenir cet état d'embonpoint et de santé que nous apercevons dans les femmes dont les traits et les formes nous ont été transmis par le ciseau de Phidias et de Dioscorides.

Son embarras cependant cesse bientôt lorsque, poussant plus *loin* ses recherches, il apprend que le bain était d'un usage journalier chez ces peuples.

Veut-il comparer la science et l'habileté des différens pays du globe? il voit que la scie était naguère ignorée en Amérique, et que les Chinois pratiquaient l'impression en caractères mobiles avant les Européens.

Cet ouvrage nous a donc paru, sous tous les rapports, digne d'entrer dans la bibliothèque de la jeunesse, et nous croyons avoir bien mérité de ceux qui président à son instruction, en le faisant passer dans notre langue.

LA SCIENCE

EN MINIATURE.

~~~~~~

LE VANNIER.

———

Ce mot vient de *van*, instrument dont on se sert pour vanner le blé, c'est-à-dire pour séparer la paille et l'ordure du bon grain. Les vans, les panniers et tous les objets de vannerie sont faits de branches de saule qui, suivant

1.
~~~~~~

leur manière de croître, s'appellent saules ou osiers.

Les osiers de toutes les espèces
réussissent mieux dans un sol
humide, et les propriétaires des
terrains marécageux louent ce
qu'ils nomment ordinairement
des *oseraies* à des gens qui les
coupent dans certaines saisons,
et les disposent à être vendues au
vannier. Pour former une bonne
oseraie, il faut que le terrain soit
divisé en six, huit, ou dix parties
larges de dix pieds, et séparées
par des fossés étroits. S'il y a pos-
sibilité de conserver l'eau à son
gré dans ces espèces de saignées,

par le moyen d'une écluse, il
en résulte un avantage considérable pour les propriétaires. Des
osiers plantés dans de petites
pièces de terre et le long des haies
fourniront au fermier des claies
et des moyens de clôture, des
nasses pour pêcher, des paniers
pour porter les provisions, et
beaucoup d'autres ouvrages à
claires voies. L'osier commun se
coupe à trois ans; mais celui qui
a l'écorce jaune peut rester un an
de plus sur pied. Les graines que
produisent les saules sont rare-
ment bonnes à semer : ces arbres
doivent être plantés par boutures.

Lorsque les osiers sont en état d'être coupés, ceux qui sont destinés à faire des ouvrages d'osier blanc, tels que les paniers de blanchisseuses, les saladiers et les corbeilles, doivent être dépouillés de leur écorce ou de leur pelure tandis qu'ils sont verts ; cette opération se fait par le moyen d'un instrument tranchant appelé peloir, fixé dans un pieu. Les osiers que l'on fait passer dans la fente de ce pieu armé de deux lames tranchantes, sont dépouillés de leur écorce avec beaucoup de célérité ; on fait ensuite sécher ces pelures, et on les met en paquet : elles servent de combustibles au vannier, et se vendent au boulanger pour chauffer son four.

Avant d'employer l'osier, il faut le tremper dans l'eau, parce que l'humidité lui donne beaucoup de flexibilité ; la manière dont on le manipule est au surplus très-bien démontrée par la gravure. Le vannier s'assied ordinairement par terre pour travailler, à moins que les paniers et autres objets dont il s'occupe ne soient trop grands et trop larges pour qu'il puisse en atteindre toutes les parties dans cette position.

Les mannequins et autres ouvrages grossiers se font d'osier
auquel on n'a fait subir aucune
autre préparation que celle de le
tremper dans l'eau.

Il ne faut pas des capitaux
bien considérables ni beaucoup
d'adresse pour exercer le métier
de vannier; quelques ouvriers
habiles cependant font des ouvrages en osier assez curieux.

Au côté gauche de la planche
on voit des bottes d'osier tout
prêt à être employé; par terre et
près de l'ouvrier sont des osiers
épars avec lesquels il travaille, et
l'on aperçoit près de lui diffé-

rentes espèces de marchandises sur lesquelles il a exercé son talent.

Un homme fort riche et un pauvre vannier furent un jour jetés par une tempête dans une île fort éloignée, èt qui n'était habitée que par des sauvages. Le premier, se voyant exposé à un danger imminent de mourir de faim faute de moyens de pourvoir à sa subsistance, privé de toute espèce d'armes, ignorant d'ailleurs le langage du pays, se mit à pleurer et à se tordre les mains d'une manière pitoyable : mais le vannier fit signe aux habitans qu'il désirait leur être utile ; il fut en conséquence bien reçu, et ils traitèrent l'autre avec mépris.

Un des sauvages avait trouvé quelque chose qui ressemblait à un filet dont il ornait son front, et qui lui semblait très-beau : le vannier, tirant parti de cette vanité, arracha quelques roseaux, et, se mettant à l'ouvrage, il forma en très-peu de temps une couronne fort élégante, et en fit présent au premier habitant que le hasard lui fit rencontrer. Ce sauvage fut tellement satisfait de ce cadeau, qui était une chose nou-

velle pour lui, qu'il se mit à danser, à cabrioler de joie, et qu'il
vola près de ses compagnons,
qui furent tous frappés d'éton-
nement à la vue de cette élégante et nouvelle parure. Il ne
se passa pas long-temps sans qu'un
autre sauvage ne vînt trouver le
vannier en lui donnant à entendre qu'il souhaitait avoir un
ornement pareil à celui de son
compagnon, et ses présens furent
si bien reçus par toute la tribu,
que le vannier fut continuelle-
ment occupé à en faire. En retour
du plaisir qu'il leur avait pro-
curé, les sauvages reconnaissans

lui présentèrent tous les genres d'alimens que leur pays produisait ; ils lui bâtirent une hutte, et lui firent toutes les démonstrations possibles de bienveillance et de générosité. Mais l'homme riche, qui n'avait ni talens pour plaire ni force pour travailler, fut condamné à être domestique du vannier, et à couper des roseaux pour lui procurer de quoi suffire aux demandes continuelles qu'on lui faisait de couronnes : tels sont les avantages de l'industrie et de l'adresse.

Il se trouve, près des côtes de l'Amérique septentrionale, un

poisson remarquable, appelé our-
sin ou *poisson panier;* son corps
ressemble à celui de l'étoile de
mer, et est fourni d'une quantité
considérable de petites pattes que
l'on nomme tentacules, et avec
lesquelles l'animal se saisit des
poissons dont il fait sa proie.

Le mot panier nous rappelle
un vers de Martial, d'après lequel il paraît que les Anglais,
du temps des Romains, se pei-
gnaient le corps comme les sauvages :

Barbara depictis venit bascauda Britannis.

Il arriva un panier barbare aux Anglais peints
de diverses couleurs.

Le mot panier a donné naissance à différens proverbes que nous placerons ici avant de terminer cet article.

On dit proverbialement *qu'une servante fait danser l'anse du panier*, pour indiquer qu'elle vole beaucoup sur ce qu'elle vient d'acheter au marché; d'un dissipateur, que *c'est un panier percé*; et enfin, *qu'il ne faut pas mettre ses œufs dans un même panier*, pour dire qu'il y a de l'imprudence de placer tout son bien dans un même endroit.

Le Boulanger.

‸‸‸

LE BOULANGER.

L'ART du boulanger consiste
principalement à faire du pain de
toutes les formes et de toutes les
qualités, ainsi que du biscuit de
mer, et à mettre cuire différentes
provisions pour la table, comme
viande de boucherie, volaille, et
toutes sortes de pièces de four.

L'époque à laquelle cette utile

occupation devint une profession particulière est absolument
ignorée.

Les boulangers, environ deux
cents ans avant l'ère chrétienne,
formaient un corps distinct chez
les Romains, et il y a tout lieu
de croire qu'ils commencèrent
par s'établir en Grèce; on ajouta
à cette corporation un certain
nombre d'hommes libres dont on
forma un *collége*; il leur était dé-
fendu de sortir de ces institutions
ainsi qu'à leurs enfans; ils tenaient
leurs biens et leurs effets en commun sans jouir de la faculté de
pouvoir s'en détacher. On relé-

guait même dans ces boulange-
ries tous ceux qui étaient accusés
de fautes légères ; chacun de ces
établissemens avait un patron
chargé de sa surveillance.

Les boulangers étaient si res-
pectés à Rome, que de temps à
autre il y en avait d'admis parmi
les sénateurs.

Les statuts anglais ont déclaré
que les boulangers n'étaient pas
compris dans la classe des arti-
sans, et à Londres ils sont sous
la juridiction particulière du lord
maire et des échevins, qui fixent
le prix du pain et qui ont le pouvoir de mettre à l'amende ceux

qui ne se conforment pas à leurs réglemens. Le pain se fait de farine mêlée de levure de bière, d'eau et d'un peu de sel ; il est en général connu sous deux noms, le pain blanc et le pain bis ; sa qualité diffère seulement par le degré de légèreté.

Les boulangers anglais sont obligés de marquer ces deux qualités de deux lettres initiales, sous peine d'amende.

Voici la manière de faire le pain : on ajoute à six pintes de farine une poignée de sel et trois pintes d'eau froide l'été, chaude l'hiver, et tiède entre ces deux saisons ; lorsque la pâte est bien pétrie, comme on le voit représenté dans la planche, elle lève dans l'espace d'environ une heure ; on lui donne ensuite la forme de pain, et on la met au four pour la faire cuire.

Il faut plus d'une heure pour chauffer le four, et environ trois heures pour faire cuire le pain. La plupart des boulangers font des pains à bracelets et des pains mollets ; la pâte en est d'ordinaire détrempée avec du lait au lieu d'eau, et elle se fait de la meilleure farine.

La vie d'un boulanger est très-laborieuse ; la plus grande partie de son travail se fait la nuit ; un garçon boulanger est forcé de se mettre à l'ouvrage sur les onze heures du soir, afin que le pain frais se trouve prêt le matin à être porté sur les marques. Le prix du pain se règle d'après celui du grain, et les boulangers sont à cet égard dirigés par les magistrats, dont ils sont forcés de suivre les ordres. Autrefois, en Angleterre, si un pain avait une once de moins sur trente-six, le boulanger était mis au pilori ; aujourd'hui, pour la même faute, il est condamné à une somme quelconque qui ne peut être moindre d'un schelling, ni au-dessus de cinq schellings pour chaque once manquant sur un pain. Un pain taxé d'un pareil reproche doit être pesé en présence du magistrat dans les vingt-quatre heures après sa cuisson, parce qu'il perd de son poids lorsqu'il est gardé.

La manière de faire le biscuit tel qu'il se pratique à l'hôtel de la fourniture des vivres, à Deptford, est très-curieuse et très-intéressante. La pâte, qui se compose de farine et d'eau seulement, est pétrie par une grande machine mue par un manœuvre;

elle est ensuite livrée à un second ouvrier qui la coupe avec un grand couteau pour la distribuer aux garçons boulangers, qui sont au nombre de cinq. Le premier, c'est-à-dire le mouleur, forme d'un coup la matière de deux biscuits ; le second les marque et les jette au fendeur, qui sépare les deux parties et les met sous la main de celui qui leur donne la forme convenable, et dont la fonction est encore de jeter le biscuit sur la pelle à four, et de le faire avec tant d'exactitude, qu'il ne peut pas détourner la vue d'un seul instant ; le cinquième, c'est-à-dire celui qui est chargé de les enfourner, reçoit le biscuit sur la pelle, et l'arrange dans le four. Tous ces ouvriers travaillent avec la plus grande précision, et sont réellement comme autant de parties d'une grande machine; leur occupation est de déposer dans le four soixante-dix biscuits par minute, et cette opération se fait avec la régularité d'une horloge. Le claquement de la pelle sur le sol du four imite le mouvement du balancier. Il y a douze fours à Deptford, et chacun d'eux fournit par jour du pain à deux

mille quarante hommes. En exa-
minant la planche, nous voyons
que le boulanger est représenté
dans l'acte de pétrir sa pâte; le
pétrin sur lequel il travaille contient la farine; à sa gauche est
la pelle avec laquelle il met le
pain au four et l'en retire; on
voit derrière lui le feu dans le
four, et en face le sceau dans
lequel on va chercher tous les
jours la levure de bière à la
brasserie; à côté du pétrin et
par terre est le bois employé
pour chauffer le four : en France, les boulangers mettent ordinairement le bois sous la voûte

pratiquée au - dessous de ce four.

La profession, les instrumens de boulanger et les substances qu'il emploie ont donné lieu à beaucoup de proverbes; nous ne citerons que les suivans : on dit d'un homme qui mange seul tout ce qu'il a, *qu'il mange son pain dans sa poche;* d'un homme à qui une chose n'est pas destinée, *que ce n'est pas pour lui que le four chauffe;* à une personne dont on est mécontent, par forme de menace, *vous viendrez cuire à mon four;* pour lui dire, *vous aurez besoin de moi,* et j'aurai occasion de me venger. L'expression de *gens de même farine* indique des gens qui sont sujets aux mêmes vices.

Le Plombier.

LE PLOMBIER.

L'ART du plombier consiste dans l'opération de couler le plomb et de l'employer aux bâtimens. Le plombier nous fournit des réservoirs, des bassins d'eau, des éviers pour la cuisine, des plombs pour les paliers; il sert aussi à couvrir les maisons et à former des gouttières pour écouler les eaux de pluie. On fait avec du plomb des tuyaux de conduite pour des souterrains et des jets d'eau de toute espèce ; quelquefois il sert à jeter en moule des statues pour l'ornement des jardins ; on emploie encore le plombier pour faire les cercueils des personnes qui ne veulent pas être enterrées de la manière ordinaire. Comme les principaux articles de la plomberie consistent en lames et en tuyaux de plomb, nous décrirons d'une manière succincte les procédés que l'on emploie pour les faire.

Pour fondre le plomb en feuil-

les, on emploie une table appelée *moule en table*, de quatre
pieds de large sur seize à dix-
huit pieds de long. Il faut que
cette table forme une inclinaison
à partir de l'extrémité sur laquelle le plomb est versé, et cette
pente doit être plus ou moins
forte, suivant l'épaisseur du
plomb dont on a besoin. On
étend sur cette table un lit de
sable humecté d'eau, d'environ
deux pouces d'épaisseur, et on
unit parfaitement le sable par le
moyen d'un instrument appelé
râble. A l'extrémité supérieure
du moule est une *auge*, ou une

poêle à verser. Lorsque le plomb est fondu, on le verse avec des cuillères dans cette poêle, et lorsqu'il est suffisamment refroidi, deux hommes prennent cette poêle par la queue, ou l'un d'eux la lève au moyen d'une barre et d'une chaîne fixées à la partie du plafond, et la verse dans le moule, tandis qu'un autre est prêt à faire passer le *râble* sur le plomb et à entraîner ce qu'il y a de trop dans une auge prête à le recevoir. La lame de plomb étant ainsi fondue, il ne reste plus qu'à la rouler ou à la couper dans la grandeur désirée.

Si l'on a besoin d'un réservoir en plomb, le plombier en mesure les quatre côtés, forme dans le sable les figures dont il veut l'embellir, et coule le plomb comme ci-devant; il en soude les côtés, après quoi il fait la même opération au fond.

Les tuyaux de plomb se fondent dans un moule de cuivre qui consiste en deux parties d'environ deux pieds et demi de long, qui s'ouvrent et se ferment par le moyen de crochets et de charnières; au milieu de ces moules est placé un boulon ou un rouleau de fer ou de cuivre un peu

plus long que le moule; ce boulon ou mandrin passe à travers
deux viroles de cuivre placées
chacune à une des extrémités du
moule qu'elles servent à fermer.
On joint à ces viroles un petit
tube de cuivre d'environ deux
pouces de long et de l'épaisseur
du tuyau que l'on veut fondre.

Ces tubes retiennent le mandrin exactement au milieu de la
cavité du moule; on verse alors
le plomb dans cette cavité par
une ouverture en forme d'enton-
noir, appelée *jet*; lorsque le moule
est plein, on fixe un crochet à l'une
des extrémités du boulon, et avec

le secours d'un moulinet, on parvient facilement à l'en retirer,
et le tuyau est fait. S'il est besoin
d'alonger ce tuyau, on met dans
la partie intérieure du moule un
de ses bouts, et on y introduit
l'extrémité du mandrin ; on
ferme le moule de nouveau, et
on y applique encore le petit tube
et la virole, le tube qui vient
d'être fondu servant de virole à
l'autre extrémité ; on verse de
nouveau le métal fondu, qui
s'unit avec l'autre tube, et l'o-
pération se répète de cette manière jusqu'à ce que le tuyau
ait la longueur requise. Cepen-

dant ces tuyaux ne sont ordinairement longs que de douze pieds.

Les tuyaux de plomb d'une forte grosseur se font en roulant des feuilles de plomb laminé sur des cylindres de bois d'une longueur convenable, et en en soudant les bords. Indépendamment des ouvrages en plomb dont nous avons précédemment parlé, le plomb sert encore à faire des poids d'horloges, des balles de mousquets et autres charges d'armes à feu, des plombs de vitraux, des plombs de toilette servant à rouler les cheveux, le niveau ou le fil à plomb, et le plomb de sonde, espèce de cône attaché au bout d'une ligne. Les vapeurs du plomb sont souvent très-nuisibles à la santé du plombier, et l'on ne peut trop recommander aux personnes qui suivent cette profession de travailler au grand air, d'avoir beaucoup de propreté et de sobriété, et de ne jamais manger ni se mettre au lit sans se laver les mains et la figure.

On compte parmi les principaux instrumens du plombier, indépendamment de ceux dont nous avons parlé, le grattoir, espèce de triangle dont les bouts sont tranchans, et dont l'usage est de gratter le plomb que l'on veut souder; le tranchet, qui sert à couper le plomb; la batte avec laquelle on frappe sur les outils propres à cette opération; le *bâton à labourer*, ou *labour*, outil dont les plombiers se servent pour remuer le sable de leur moule, sur lequel ils coulent le plomb en table.

Les femmes mettaient autrefois des poids de plomb dans les manches de leurs robes pour les faire bien tenir.

Les proverbes auxquels le

plomb a donné lieu sont les suivans : on dit d'un homme froid et sage *qu'il a du plomb dans la tête ;* on appelle *cul de plomb* une personne laborieuse et sédentaire; on dit encore *je-ter son plomb sur quelque chose,* pour indiquer qu'on a des des-seins ou qu'on a jeté son dévolu sur quelque chose.

LE CHAPELIER.

Les chapeaux sont faits de laine ou de poils de différens animaux, principalement du castor, du lapin et du chameau.

Le procédé est à peu près le même pour l'un et pour l'autre ; il suffira donc de donner la méthode employée dans la fabrique des chapeaux appelés demi-castors. La peau du castor est cou-

Le Chapelier.

verte de deux espèces de poils ; l'un long, rude et brillant ; l'autre court, épais et moelleux ; c'est le seul qu'on emploie pour les chapeaux.

Des femmes qu'on appelle *arracheuses*, sont chargées de les enlever. La première de ces espèces de poils se coupe avec un instrument appelé *plane*, qui est un couteau à deux manches ; l'autre est enlevée par des ouvrières nommées *repasseuses*, au moyen d'un petit instrument semblable à peu près à un couteau à greffer, avec lequel elles rasent ou coupent ces petits poils.

Pour faire un chapeau, l'on donne d'abord le poil au cardeur, qui le mêle le plus exactement qu'il peut avec des baguettes, de façon que pour mieux secouer, diviser et mélanger chaque partie, il la fait passer plusieurs fois, peu à peu, de sa droite à sa gauche et de sa gauche à sa droite ; il relève le poil battu avec ses deux baguettes, coupe deux à trois fois les paquets qu'il en a faits, les bat de nouveau, afin que chaque espèce de poil étant plus intimement mêlée, on ne puisse distinguer l'une de l'autre.

Le castor dans un chapeau,

mêlé d'autre poil, ne sert que de ce qu'on appelle *dorure;* il en faut ordinairement une once par chapeau : ce mélange est aussi soumis à *l'arçon,* instrument assez semblable à un archet de violon; il est long de six pieds, et a une corde de boyau bien bandée, qui étant agitée par un petit morceau de bois, fait voler *l'étoffe* sur une claie. On fait avec l'arçon une certaine étendue de laine ou de poil, appelée *capade,* qui ressemble à de la *ouate* aplatie; on porte cette capade au *bassin :* pour cela on a une feutrière, c'est-à-dire un

morceau de toile de ménage
qu'on mouille avec un goupil-
lon. Quand la capade est passée
à la feutrière, on la met à la
foule. L'atelier de la foule se
compose d'une chaudière qui
contient sept à huit seaux d'eau,
d'un fourneau construit sous la
chaudière, et de plusieurs fouloirs : ces fouloirs sont des espèces d'étaux à boucher sur lesquels les ouvriers foulent leurs
chapeaux. On foule le chapeau
en le trempant, et quelquefois
en le faisant bouillir dans l'eau
de la chaudière, où l'on a fait
auparavant délayer de la lie de

vin telle que la préparent et la vendent les vinaigriers, et on roule cette capade sur le fouloir, au moyen d'un morceau de bois rond, pointu par les deux bouts, et élevé par le milieu en forme de gros et long fuseau : cet instrument s'appelle *roulet*. Au sortir de la foulerie, le chapelier dresse le feutre, c'est-à-dire qu'il l'enfonce et lui donne la figure d'un chapeau, en le mettant sur une forme de bois pour en faire la tête. Le chapeau, dressé et hors de dessus sa forme, se met sécher à *l'étuve* pour être ensuite poncé avec de la pierre ponce, ou *râpé* avec de la peau de chien de mer. Quand le chapeau est poncé, on le passe au *peloton*, espèce de coussinet oblong, rembourré de poil de castor.

Ces opérations finies, le chapeau va à la teinture, qui est composée de bois d'Inde et de noix de galle, que l'on fait bouillir pendant dix heures avec une quantité quelconque de gomme du pays; on y ajoute ensuite, par dose, du vert-de-gris et de la couperose. Le chapeau y ayant été deux heures, on l'en retire pour le laisser teindre à froid; une fois retiré de la chaudière, on lui donne l'*apprêt* : on appelle apprêt la colle que l'ouvrier met au chapeau pour l'affermir.

Toutes ces façons finies, on lustre le chapeau avec de l'eau de noix de galle, ou avec de l'eau pure, puis on l'arrondit avec des ciseaux. La figure du dessin de la planche représente un homme foulant et bassinant au bassin, ce qu'il fait en roulant le chapeau et le déroulant; l'homme au comptoir est occupé à finir un chapeau après qu'il a subi les opérations de la teinture; il se sert d'un fer chaud;

la forme qui appartient à ce chapeau est à sa droite, et sa brosse est devant lui. On voit dans un des coins du comptoir des chapeaux qui ne sont pas encore finis, et à gauche sont des cartons prêts à recevoir des chapeaux quand ils seront terminés.

Il est probable que les chapeaux ne sont en usage que depuis le quinzième siècle. Le chapeau avec lequel Charles VII fit son entrée publique à Rouen, l'an 1449, est un des premiers dont il est fait mention dans l'histoire de France : ce fut sous le règne de ce prince que les chapeaux succédèrent aux chaperons et aux capuchons.

Le chapeau a donné peu de proverbes ; on dit cependant du plus grand avantage et du plus grand honneur qu'ait une personne : *C'est la plus belle rose de son chapeau.*

LE MENUISIER.

La profession du menuisier consiste à tailler, polir et assembler avec propreté et délicatesse du bois de toute espèce pour les menus ouvrages : les bois dont il se sert principalement sont ceux de sapin, d'orme et de chêne.

Le sapin vient pour la plus grande partie de la Suède, de la Norwége et d'autres contrées

Le Menuisier.

septentrionales de l'Europe; le chêne croît dans tous les pays. Les menuisiers qui font de l'ébénisterie emploient pour les tables et autres meubles un bois beaucoup plus recherché, appelé *acajou* : l'acajou est une espèce de *cèdre* qui croît dans la partie la plus chaude des îles de l'Amérique, telles que Cuba, la Jamaïque et Saint-Domingue; cet arbre devient quelquefois si gros que l'on en forme des planches de six pieds de largeur; il s'élève à une hauteur prodigieuse, quoique souvent il pousse sur des rochers qui n'ont que très-peu de terre. Il faut que les différentes espèces de bois dont se sert le menuisier n'aient ni nœuds, ni tampons, ni aubiers, ni malandres, ni flaches, ni fistules, ni gales.

Un nœud dans une planche est la naissance d'une branche de l'arbre, qui, dans cet endroit, est toujours très-dur et sans aucune solidité ni propreté.

Le tampon est le closoir ou la fermeture d'un trou formé ordinairement par un nœud.

L'aubier est la partie entre l'écorce et le fort du bois; c'est la pousse de la dernière année,

qui, comme nouvelle, est beaucoup plus tendre.

La malandre est une espèce
de fente qui s'ouvre d'elle-même
dans le bois lorsqu'il sèche.

La flache est un manque de
bois dans un ouvrage fini, auquel, lorsqu'on a employé des
planches trop étroites, il reste une
partie qui n'a pas été travaillée.

On appelle fistule toute espèce de coup de marteau, de
ciseau, etc., donné mal à propos, et qui fait autant de cavités
dans les ouvrages terminés.

Les gales sont des mangeures
de vers.

Le menuisier a besoin d'une grande quantité d'instrumens, tels que l'établi, la scie, le maillet, le marteau, le vilebrequin, la varlope, le réglet, la râpe, le ciseau, le sergent, le trusquin, l'équerre et le rabot. Nous allons donner l'explication des moins connus de ces instrumens.

Le vilebrequin, fait pour percer des trous, est une espèce de manivelle composée d'un manche que l'on tient ferme et appuyé sur l'estomac ; le côté opposé est terminé par une mèche dont la partie inférieure est évidée.

Le réglet, qui sert à dégauchir les planches, est composé d'une tige de bois carrée, le long de laquelle glissent deux planchettes d'environ un pouce d'épaisseur, percées chacune d'un trou carré dans le milieu.

La râpe est une espèce de lime qui a été *rustiquée*, c'est-à-dire rendue très-rude avec des poinçons; elle ne sert pas à limer, mais à râper.

Le sergent est composé d'une grande verge de fer carrée d'environ dix ou douze lignes de grosseur, coudée d'un côté avec un talon recourbé, et d'une coulisse de fer terminée aussi par un talon courbe ; l'autre bout de la verge est renfoncé, de peur que la coulisse ne sorte.

Le trusquin se compose d'un morceau de bois carré d'environ un pied de long, portant par un bout une petite pointe de fer ou d'acier qui sert à dresser, et d'une planchette d'environ un pouce d'épaisseur, percée dans son milieu d'un trou carré bien juste à la grosseur du bois qu'il traverse, et sur laquelle il glisse d'un bout à l'autre.

Le menuisier représenté dans la gravure est occupé à dresser avec son rabot le bord d'une planche qui est fixée au côté de l'établi par le moyen d'une vis qui y est toujours adhérente ; le menuisier suspend aussi à cet établi le marteau, les tenailles, le maillet et deux ciseaux. Les copeaux enlevés par le rabot sont éparpillés sur cet établi et par terre. A droite sont quelques planches, et un sac dans lequel il met ses outils ; de l'autre côté on voit aussi la bancelle qui lui sert à différens usages ; derrière lui est une porte toute neuve, avec quelques autres planches, une scie fixée contre le mur, et un panier dans lequel il serre ses menus outils.

Comme en Angleterre les menuisiers sont en même temps charpentiers, il est représenté disposant des dalles destinées à être posées sur le toit d'une maison neuve que l'on découvre dans le fond de la gravure. Les chevrons sont déjà en place; les planches ou dalles vont aussi y être fixées pour recevoir les ardoises.

Le principal talent du menuisier consiste dans les assemblages; pour cet effet il a recours à la mortaise : la mortaise est une espèce de trou pratiqué dans une

pièce de bois, à l'effet de recevoir une autre pièce de bois appelée *tenon*. Il est beaucoup
d'autres assemblages dont nous
ne parlerons pas ici ; mais il faut
que dans ces ouvrages toutes les
pièces qui les composent soient si
bien réunies, qu'elles ne laissent
aucun vide entre elles, et ne pa-
raissent faire qu'un seul tout,
quoique composé de plusieurs
parties.

La colle est un article fort im-
portant dans le métier du menuisier ; elle se fait de la peau de
toute espèce d'animaux réduite
à l'état de gelée, et plus l'animal

est vieux, plus la colle faite de sa peau a de la ténacité.

La menuiserie se partage en deux classes; l'une qui emploie du bois de placage, c'est-à-dire du bois débité par feuilles très-minces, et qu'on distingue par l'expression de menuiserie de placage; l'autre qui a pour objet le revêtissement et la décoration des appartemens, et qui se nomme menuiserie d'assemblage. L'état du menuisier est la plus salubre de toutes les professions, en ce qu'elle tient le corps en action, qu'elle est très-propre, et qu'elle s'exerce à couvert : c'est celle que

Jean-Jacques Rousseau conseille dans l'Émile à son élève.

Les outils du menuisier ont donné lieu à plusieurs proverbes. On dit *passer le rabot sur un ouvrage en vers, en prose, y donner un coup de rabot,* pour dire le perfectionner; en parlant d'un homme qui a les yeux très-petits, on dit qu'il a *les yeux percés avec un vilebrequin.*

Maître Adam, menuisier de Nevers, s'est rendu célèbre par des pièces de vers qui portaient toutes le nom de quelqu'un de ses instrumens; de là *les Chevilles de Maître Adam.*

LE MAÇON.

LE maçon est un ouvrier qui construit des murs avec des pierres ou des briques, et qui les revêt de plâtre ou de crépi; ses instrumens consistent en une truelle pour étendre le mortier, un marteau à couper pour tailler les pierres, une auge au mortier, une équerre pour dresser les pans de murailles, un fil à plomb pour prendre son niveau, une pelle

Le Maçon.

pour balayer ce qui l'embarrasse, un *oiseau* servant à porter le mortier, un panier à claires voies, un sas pour passer le plâtre et le ciment, une brouette pour transporter les pierres, un bouriquet, espèce de cage, pour contenir celles que l'on enlève avec la chèvre, le treuil ou le cabestan. Les maçons bâtissent aussi avec des briques qui se font avec de la terre rouge mêlée de sable; les briques ont ordinairement huit pouces de long sur quatre de large, et deux d'épaisseur. Le maçon est servi par un manœuvre ou journalier, appelé *porte-oiseau,* qui sert aussi à gâcher le plâtre ou le mortier : le mortier se fait avec de la chaux éteinte et du ciment, ou du sable. Le manœuvre porte le mortier sur l'*oiseau*, dont il charge son cou et ses épaules; avant de mettre le mortier sur l'oiseau, il jette une poignée de sable sur sa surface intérieure, pour empêcher qu'il ne tienne au bois.

Les Anglais construisent presque toutes leurs maisons en briques, comme on le voit dans la figure. Elle représente le maçon occupé à bâtir; il tient de la main gauche une brique, et dans sa droite une truelle : la truelle, pour être bonne, doit être d'acier fin, et cet instrument est si utile dans les arts de construction, que l'inventeur d'un nouveau marteau au moyen duquel on est parvenu à faire plus promptement des truelles et d'une meilleure qualité, vient d'obtenir pour récompense quarante guinées de la Société des arts et manufactures établie à Londres. La supériorité des truelles faites avec ce marteau consiste dans leur grande élasticité, qui leur fait reprendre leur forme naturelle après avoir plié.

Le maçon est sur un échafaud qui se compose de plusieurs perches perpendiculaires, auxquelles on en attache d'horizontales par un bout, tandis que l'autre est fixé dans le mur : les perches horizontales sont couvertes de planches. A son pied droit est le mortier ; à sa gauche sont ses briques ; mais on ne peut pas les voir dans la figure.

En bas on aperçoit le journalier ou manœuvre occupé à gâcher le mortier près de l'échelle qui lui sert, ainsi qu'à son maître, pour monter sur l'échafaud.

Le maçon est ordinairement

occupé à la toise; quand il cons—
truit des souterrains ou des puits,
son prix augmente en raison de
la profondeur de la fouille et de
la maçonnerie.

Le mortier est très-utile pour
la construction; il se fait, comme
nous l'avons dit, de sable ou de
ciment, avec de la chaux détrempée : le ciment doit entrer dans
sa composition pour un sixième,
et le sable pour la moitié. On peut
substituer au sable ordinaire la
pouzzolane, espèce de sable qui
se tire aux environs de Pouzzol en
Italie. En France, et aux environs
de Paris surtout, on emploie le

plâtre pour le crépi et le renfermis, c'est-à-dire la réparation des vieux murs. Le plâtre, pour être bon, doit être bien cuit, sans cependant l'être trop, sans quoi il perd la qualité que les ouvriers appellent *amour du plâtre*, c'est-à-dire qu'il devient rude et sans liaison.

De tous les matériaux compris sous le nom de *maçonnerie*, la pierre tient en France le premier rang, et ce n'est qu'au défaut de pierre qu'on doit employer la brique, parce qu'elle exige trop d'épaisseur dans les murs : cette raison en fit défendre l'emploi à

Rome, et cette défense était très-raisonnable, parce que les habitans se trouvant en grand nombre, on avait besoin de ménager le terrain et de ne pas multiplier les surfaces.

La maison de Crésus était bâtie en briques ; il en était de même du palais du roi Mausole en la ville d'Halicarnasse : on ne conçoit guère comment, étant aussi riches, ils ont pu préférer la brique à la pierre et au marbre, qui étaient communs chez eux.

La profession, les matériaux et les instrumens du maçon ont donné lieu à plusieurs proverbes;

il en est un fort offensant pour lui, car on dit d'un homme qui travaille grossièrement sur des ouvrages délicats, que *c'est un maçon, un vrai maçon.*

On dit proverbialement *battre quelqu'un comme plâtre*, pour dire le battre excessivement ; on dit figurément qu'*une femme a deux doigts de plâtre sur le visage*, pour indiquer qu'elle est fardée, qu'elle a mis beaucoup de blanc; enfin on dit figurément d'une affaire qui est faite solidement et avec toutes les formalités nécessaires, qu'*elle est à chaux et ciment.*

Le Serrurier.

LE SERRURIER.

Le serrurier est un ouvrier qui travaille le fer, et qui, avec ce métal, fabrique une quantité immense d'articles utiles aux arts et métiers, et d'une grande importance pour les commodités de la vie.

La serrurerie se compose d'ouvrages bruts et d'ouvrages limés. Les ouvrages bruts sont en général ceux qui n'ont besoin d'au-

cune propreté, ou qui sont destinés à être exposés aux injures
de l'air; tels sont les chaînes, les
grilles, les barres de fourneaux,
les armatures de bornes, les serrures de barrières, les berceaux
de jardins, les vitraux ou châssis
de fer, les gonds de portes cochè-
res et les rampes. On appelle ouvrages limés ceux dans lesquels
on a employé la lime, soit pour
les ajuster, soit pour leur donner
la propreté convenable; telles sont
les serrures d'appartemens, les
clefs, les fiches, les espagnolettes,
les becs de cannes ou serrures
sans clefs, les targettes, les pelles

et les pincettes. La serrurerie est encore chargée d'une partie fort essentielle dans les maisons, celle de poser les sonnettes, instrument résonnant fort utile pour appeler les domestiques, garçons de bureau et autres; elle est composée, pour ce qui regarde la sonnette, d'un ressort en spirale tourné, comme ceux des stores, sur un rouleau de bois; à la tête de la sonnette est arrêté un fil de fer très-mince, recuit au feu, et qu'on appelle pour cet effet *fil à sonnette*, dont l'autre extrémité va rejoindre un ou plusieurs mouvemens ou tourniquets mon-

tés debout ou de côté, et commu-
niquant de l'un à l'autre par de
semblables fils de fer jusqu'au
dernier, qui porte un cordon par
lequel on fait jouer la sonnette :
ces mouvemens ou tourniquets
se font quelquefois en cuivre, et
quelquefois ils sont dorés pour
plus de propreté.

Il doit toujours exister dans la
boutique d'un serrurier une forge
pourvue de deux tisonniers, l'un
pointu et l'autre crochu ; le premier sert à donner de l'air au
métal échauffé, et à dégager le
mâchefer; l'autre sert à ramasser
les charbons sur l'aire de la forge;

une enclume et son billot, un faux rouleau arrêté à demeure sur un billot, sans compter des marteaux, des tenailles, des ciseaux et des pinces de toute espèce. La forge est la partie la plus remarquable dans la boutique d'un serrurier; elle est représentée sur la planche à la gauche de l'ouvrier; c'est une espèce de fourneau destiné à chauffer le fer jusqu'au point de le rendre malléable et susceptible de recevoir différentes formes. La forge est surmontée d'une espèce de hotte qui sert à diriger la fumée du charbon de terre; au fond ou à l'un des côtés de cette forge est un tuyau destiné à recevoir le nez du soufflet. Le soufflet est mû par une chaîne que tire le serrurier ou un homme de peine ; l'une des feuilles ou membrures du soufflet est fixée, et quand on tire la chaîne, l'autre feuille mobile se lève ; mais le poids dont elle est chargée la fait baisser, et il résulte de ce mouvement alternatif que le feu est porté au degré de chaleur désiré.

A l'un des côtés de la forge est une auge remplie d'eau destinée à humecter le charbon allumé pour le rendre plus ardent par la dilatation de ce liquide, qui attire une plus grande quantité d'air frais. Le seau sert aussi à rafraîchir les tenailles avec lesquelles le forgeron tient son fer à forger, et qui au bout de quelque temps deviennent trop chaudes pour qu'on puisse les tenir. Le serrurier durcit son fer en le plongeant dans l'auge quand il est rouge.

Le serrurier est représenté dans l'action de forger le fer qu'il vient de retirer du feu et qu'il tient avec des tenailles dans sa main gauche. Le fer se forge de deux manières; d'abord par la force de la main : cette manière emploie quelquefois plusieurs ouvriers ; l'un tient la pièce à forger et la tourne en tous sens, tandis qu'il forge lui-même ; les autres ouvriers ne font que frapper avec de gros marteaux appelés *marteaux à devant*, et pareils à celui qu'on voit à côté de l'enclume. La seconde se fait par la force d'un moulin à eau qui lève et fait mouvoir un énorme marteau appelé *martinet* ; les ouvriers n'ont qu'à présenter sous les coups de ce marteau de gros morceaux de fonte qui sont soutenus d'un bout par l'enclume, et de l'autre par des chaînes de fer attachées au plafond de la forge : cette dernière méthode n'est employée que dans les gros ouvrages, tels que la fabrication des ancres de vaisseau, qui pèsent plusieurs milliers de livres.

Pour les ouvrages plus légers, tels que ceux qui sont figurés dans la gravure, des pelles, des pincettes, des grils, des trépieds, etc., un seul homme suffit pour souffler la forge et pour tourner le fer d'une main, tandis qu'il frappe de l'autre.

Les différens degrés de chaleur donnés au fer par les serruriers sont la *chaude jusqu'au rouge*, la *chaude jusqu'au blanc*, la *chaude suante*, qui est propre à souder du fer.

La chaude jusqu'au rouge s'emploie lorsque le fer a acquis sa forme et ses dimensions, et qu'il n'a plus besoin d'être forgé que pour devenir plus uni et plus propre à être limé.

La chaude jusqu'au blanc est employée quand le fer n'a pas encore sa forme et ses dimensions, pour les lui donner par la forge.

La chaude suante est nécessaire pour souder deux barres ou deux morceaux de fer, et les réunir en un seul.

La surface de l'enclume sur laquelle le serrurier forge son fer doit être très-plate, très-unie et d'une trempe si dure que la lime ne puisse pas y mordre; à l'un des bouts de l'enclume est un trou dans lequel on peut placer un fort ciseau d'acier, en mettant sur le tranchant de ce ciseau, appelé tranche, une barre de fer rouge qu'on coupe facilement en deux parties. Quelquefois on fait les enclumes en fonte; mais les meilleures sont celles qui sont forgées, et dont la partie supérieure est couverte en acier : le tout est ordinairement monté sur un billot de bois soli-dement disposé.

L'étau fixé à l'établi sert à te-nir tous les objets sur lesquels le serrurier travaille, soit qu'il ait besoin de river, de courber ou de limer son fer. Il y a dans une boutique de serrurier des étaux à main et de petites enclumes ap-pelées *bigornes*, qui servent pour les opérations les plus délicates du métier.

Quelquefois le serrurier a be-soin de contourner des barres de fer pour des ornemens de bal-cons et de grilles ; alors il fait chauffer le fer jusqu'au blanc, le fixe dans l'étau et le contourne avec des tenailles.

Les grilles des maisons de campagne et des châteaux sont ordinairement faites de fonte, qui n'est pas malléable à froid; la fonte est très-cassante et ne se laisse pas attaquer par la lime : c'est l'ouvrage du serrurier de placer ces grilles dans la maçonnerie et de les monter.

L'énumération des objets fabriqués par le serrurier ne finirait pas; il nous suffira de dire qu'il n'est pas d'état plus nécessaire à la sûreté personnelle de l'homme; car sans la serrure, la clef, les

targettes et les verroux, il n'y au-
rait plus de moyens pour garan-
tir ses propriétés.

Le fer se tire des entrailles de
la terre dans presque tous les
pays; mais le meilleur est celui
de Suède.

Les instrumens et les matériaux employés par le serrurier ont donné lieu à quelques
proverbes; on dit figurément
qu'*une veuve a mis la clef sur la
fosse de son mari*, pour indiquer
qu'elle a renoncé à la commu-
nauté; *donner la clef des champs*
est une expression proverbiale
qui signifie *mettre en liberté*; on

dit proverbialement, *il faut battre le fer pendant qu'il est chaud*, pour annoncer qu'il faut poursuivre une affaire pendant qu'elle est en bon train ; les poètes ont appelé *siècle de fer* le siècle le plus dur et le plus barbare.

LE FABRICANT

DE SAVON.

Il n'est presque aucun produit
de l'art aussi utile aux besoins domestiques que le savon, et il pa-
raîtra étrange au premier abord
qu'un objet destiné à nettoyer et
blanchir diverses substances soit
lui-même formé de graisse ou
d'huile, et que les plus grossiers

Le Savonnier.

des corps puissent être employés à faire du savon.

Le savon est mou ou tendre; il prend différens noms suivant sa couleur; ainsi nous avons du *savon blanc*, du *savon marbré*, du *savon jaune*, etc.; mais toutes les espèces de savons sont faites avec de l'huile ou de la graisse mêlée de chaux vive et de potasse ou de soude. La *chaux vive* est une substance très-connue; la *potasse* est un sel obtenu de végétaux de la manière suivante: on fait brûler à l'air libre des végétaux; les substances végétales de toute espèce, brûlées de cette manière et réduites en cendres, contiennent une certaine quantité de sel que l'on obtient des cendres en les lavant dans l'eau ; cette eau, quand elle est filtrée et évaporée par la chaleur, dépose au fond du vaisseau une substance saline que l'on nomme *potasse*. La *soude* s'obtient, de la même manière, des cendres de plantes marines. La première se nomme *alcali végétal*, la seconde *alcali minéral*.

La combinaison de la potasse avec les huiles ou la graisse fournit le savon mou, et la combinaison de la soude avec les mêmes substances produit le savon dur.

La formation du savon blanc peut se démontrer en petit par les procédés suivans : on prend une partie de chaux que l'on fait éteindre ou détremper, et deux parties de soude, non en poids, mais en volume; on les fait bouillir dans douze parties d'eau pendant une demi-heure, et on filtre le fluide à travers un morceau de toile, jusqu'à ce qu'il devienne très-clair ; on fait ensuite évaporer le tout jusqu'à ce qu'une fiole, qui ne contient qu'une once d'eau, puisse contenir une once six gros de ce fluide ; il prend alors le nom de *lessive*. Mêlez une partie de cette lessive avec deux parties d'huile d'olive dans un vaisseau de fer ou de pierre ; battez-les avec une spatule de bois ; le tout formera bientôt un mélange consistant. Dans les grandes fabriques, telles que celles représentées par la gravure, la lessive ne doit avoir qu'une consistance suffisante pour supporter un œuf. Les ouvriers alors commencent à former le mélange ; on fait bouillir l'huile ou la graisse avec une partie de la lessive que l'on peut étendre d'eau, jusqu'à ce que le tout forme un composé savonneux ou une eau de savon ; on jette alors de la lessive plus forte que l'on fait bouillir lentement, tandis qu'une personne, telle qu'elle est représentée dans la partie supérieure de la planche, aide l'union des parties constituantes par une agitation continuelle. Lorsque le mélange a suffisamment bouilli, on aperçoit un départ ou une séparation; le savon se tient à la surface du fluide. Pour rendre cette opération plus complète, on jette dans le mélange une certaine quantité de sel commun; on le fait pour l'ordinaire bouillir pendant trois ou quatre heures, après quoi on retire le feu. Le savon est pris au sommet de la liqueur, que l'on nomme alors *lessive perdue*, et qui, n'étant bonne à rien, doit être retirée ; on fait fondre le savon de nouveau avec une autre lessive ou avec de l'eau, et lorsqu'il a un peu bouilli, on le verse dans des moules ou caisses de bois semblables à celles représentées dans la planche : ces moules, qui sont mobiles, se rangent exactement les uns sur les autres, et on les remplit de savon jusqu'au bord.

Lorsque le savon est parfaitement ferme et froid, on enlève le moule qui pèse sur un autre, et on coupe avec un fil de laiton le savon que les caisses contiennent à travers des fentes horizontales qui servent aussi à marquer les divisions, ou, pour nous servir de l'expression du commerce, la longueur des *briques* de savon. L'homme qui est au bas de la gravure est représenté comme occupé de ce travail.

Pour faire le savon marbré, on se sert de la couperose qui donne le bleu, et de la terre de cinabre qui donne le rouge, ce qu'on appelle *manteau*. Dans les fabrications de savon blanc, on ne change pas de lessive comme pour le savon marbré. Les outils et les ustensiles pour la fabrication du savon n'ont rien de décidé; l'expérience et la commodité en ont pourtant adopté quelques-uns, qui se bornent à de grands couteaux, des truelles pour râcler la croûte du savon, des seaux attachés à des perches, etc.

Le savon jaune se fait avec du suif et de la résine mêlés dans les proportions de dix parties de suif sur trois et demie de résine : ce mélange, joint à de l'alcali, donne vingt parties de savon.

Le savon se dissout facilement

et complètement dans l'eau de rivière ; mais il se caille dans l'eau de puits, et ne s'y délaie que très-difficilement; c'est pour cette raison qu'en faisant dissoudre du savon dans de l'esprit-de-vin , on découvre si l'eau d'une source ou d'une fontaine est légère , ou crue et pesante : si en effet l'eau est légère , la solution s'unira avec elle , et si elle est crue, le savon se séparera en flocons.

Les enfans font des bulles de savon ; cette opération simple en apparence nous apprend plusieurs choses : 1° que l'air des poumons se trouve emprisonné dans une enveloppe extrêmement mince, formée par la viscosité du savon ; 2° que cette enveloppe devient plus légère que l'air même. Si au lieu de l'air des poumons on emploie de l'air inflammable conservé dans une vessie pour en faire des bulles de savon, l'air insoufflé dans la bulle se mêle, quand elle crève, avec l'air atmosphérique, et produit par ce mélange une détonation semblable à celle d'un pistolet.

L'art du savonnier, les opérations auxquelles il a recours et ses produits n'ont donné lieu qu'à

un fort petit nombre de proverbes ; on dit proverbialement
savonner quelqu'un , pour indiquer qu'on lui fait une forte
réprimande ; cette autre phrase
proverbiale , *à laver la tête d'un*
mort , *la tête d'un âne* , *on y*
perd sa lessive , veut dire qu'il
y a des personnes qu'il est inutile
de vouloir réformer et de vouloir
corriger.

LE SCIEUR DE LONG.

DANS l'enfance du monde on fendait avec des coins les corps et les troncs des arbres en parties aussi minces qu'il était possible de le faire avec ce procédé ; s'il était besoin de les rendre encore plus minces, on les dépeçait des deux côtés avec la hache, jusqu'à ce qu'ils eussent atteint l'équarrissage nécessaire. La scie ordinaire, qui n'a besoin pour couper

Le Scieur de long.

le bois que d'être guidée par la main d'un ouvrier, n'était pas connue en Amérique lorsque cette partie du monde a été découverte par les Européens. Les Russes n'emploient encore aujourd'hui que la hache et la cognée pour débiter leur bois. Les copeaux sont les profits du charpentier.

La scie est sans contredit un des instrumens les plus utiles dans les arts mécaniques; les Grecs ont placé celui qui en a été l'inventeur au nombre des dieux dans leur mythologie, et l'ont honoré comme un des grands bienfaiteurs de l'espèce humaine : la découverte en a été attribuée à Icare, fils de Dédale, qui, dit-on, en emprunta l'idée de l'arête d'un poisson plat, semblable à la sole. Les meilleures scies sont celles d'acier trempé et poli ; on en fait aussi *d'étoffe*, c'est-à-dire d'acier mêlé de fer. Le côté de la scie dans lequel les dents sont taillées doit toujours être plus épais que le dos, pour qu'elle passe plus facilement dans le bois. Les dents de la scie se taillent avec une lime triangulaire appelée *tiers-point* ; lorsque les dents sont taillées et que les pointes en sont formées, on les écarte de côté et d'autre en sens contraire de la ligne droite, pour leur donner ce qu'on appelle *la voie*, avec un instrument nommé *tourne-à-gauche* : le tourne-à-gauche est un morceau de fer plat d'environ une ligne ou une ligne et demie d'épaisseur, dans lequel sont plusieurs entailles. On doit donner plus de voie aux scies pour les ouvrages grossiers que pour les ouvrages délicats dont il faut ménager le bois.

L'instrument représenté dans la gravure est une grande scie à refendre fixée entre deux montans ; elle est employée par les scieurs de long ; les dents en sont très-écartées de la ligne droite, et en rendent la voie large de deux lignes et demie.

Le scieur de long partage les corps d'arbres en solives et en planches pour l'usage du charpentier et du menuisier. Le madrier est placé sur deux tréteaux, et divisé en plusieurs parties par le moyen d'une scie qui est tirée par deux hommes, l'un placé sur le bois à scier, et l'autre dessous.

En Angleterre, celui qui est

dessous est toujours dans une fosse ; par ce moyen l'homme qui est sur le madrier se trouve moins élevé et court moins de risque de tomber. A mesure que les scieurs de long avancent dans leur ouvrage, ils enfoncent des coins dans la fente qu'ils ont faite, pour tenir cette fente ouverte et faciliter le passage de la scie.

La profession du scieur de long est très-pénible, parce qu'elle exige toute la force de l'homme dans une position qui est la moins favorable à son développement.

Il est démontré par un tableau trouvé dans les ruines d'Herculanum, que la scie des charpentiers romains était semblable à celle employée de nos jours ; dans ce tableau, le madrier à scier est assujetti par des crampons ; la scie consiste en un châssis carré traversé dans le milieu par une lame de fer, et elle ressemble beaucoup à celle représentée dans la gravure ; la pièce de bois s'étend au-delà de l'échafaud, et l'un des ouvriers se tient debout dessus le madrier, tandis que l'autre est assis par terre : la fosse dont on se sert maintenant dans plusieurs pays est d'une grande commodité , attendu que les forces de l'homme qui est debout surpassent de beaucoup celles de celui qui est assis par terre.

· Le perfectionnement le plus essentiel et le plus avantageux de cet instrument a été l'invention des moulins à scies , ou des sciĕ-ries , qui sont mises en jeu soit par l'eau , soit par le vent , soit par la pompe à feu.

Une scierie est composée de différentes scies parallèlement disposées, et que l'on fait lever ou descendre par le moyen d'un mouvement quelconque; il faut un très-petit nombre de bras pour conduire cette opération et pour faire avancer les pièces de bois à scier, qui sont posées sur des rouleaux, ou suspendues par des cordes, à mesure que le sciage s'en opère.

Comme les bois de toute espèce sont les matériaux sur lesquels la scie s'exerce, nous citerons les proverbes auxquels ils ont donné lieu. On dit d'un homme *qu'il ne sait de quel bois faire flèche*, pour indiquer qu'il est dans un extrême embarras ; qu'il *ne faut pas mettre le doigt entre le bois et l'écorce*, pour faire entendre qu'il ne faut pas s'ingérer mal à propos dans les différends des personnes naturellement unies ; on dit figurément et proverbialement d'un homme de belle taille qui marche droit et de bonne grâce, *qu'il porte bien son bois* : cette métaphore est empruntée du mot *bois* qui se disait autrefois de la lance d'un gendarme. La scie elle-même a donné lieu à plusieurs métaphores populaires qui n'appartiennent qu'à la halle, et que nous ne citerons pas ici.

LE POTIER DE TERRE.

La poterie, ou l'art de faire des vases de terre cuite, est d'une antiquité très-reculée ; les Grecs et les Étrusques excellaient particulièrement dans cette profession : la porcelaine, espèce de poterie la plus parfaite, se fabrique en Chine depuis un temps immémorial.

La terre glaise et le sable, ou le silex, sont des substances avec

Le Potier de terre.

lesquelles on fait toutes sortes de poterie : la terre glaise se gerce et se fend ; le grès ou le silex lui donne de la solidité et de la force.

La roue et le tour sont les principaux instrumens du potier ; l'une s'emploie pour de grands ouvrages, et l'autre pour de petits : le tour est mis en jeu par un journalier, tel que le représente la planche, et la roue, dont il n'est pas question dans la gravure, est mise en mouvement par les pieds du potier. Lorsque l'argile ou la glaise est convenablement préparée et disposée en mottes sur la tête de la roue, il la fait tourner, pendant qu'il forme la cavité du vaisseau avec le doigt et le pouce en continuant de l'élargir dans le milieu, tandis que de l'autre main il en forme l'extérieur. Les moulures se font avec un morceau de bois taillé dans la forme qu'on veut leur donner pendant que la roue tourne ; mais les pieds et les anses de ces vases se font séparément et à la main. Si l'ouvrage exige quelques parties sculptées, cette opération se fait ordinairement dans des moules de bois appliqués pièce par

pièce sur l'extérieur du vaisseau.

Lorsque le vase est terminé,
l'ouvrier le détache du reste de
la motte avec un fil de laiton
auquel on a donné le nom de
scie, et le met à part pour sécher ; une fois qu'il est suffisamment durci et en état d'être
transporté sans courir le risque
de se briser, on le couvre d'un
vernis fait d'une composition de
plomb, et on le met au four, où
il cuit. Il y a des espèces de po-
teries auxquelles on donne la
couverture ou le vernis en jetant
du sel marin dans le four sur les

différens ouvrages qu'il contient; le sel se décompose, et les vapeurs qui s'en exhalent forment un vernis qui cependant n'est pas d'une très-bonne qualité.

La faïence anglaise se fait de terre de pipe mêlée de silex calciné et pulvérisé; ce mélange blanchit au feu. La poterie de l'Anglais Wedgewood, homme très-habile dans la fabrication de toutes sortes de pierres fausses et de pâtes de composition, se fait avec cette même terre de pipe pétrie dans l'eau : par ce procédé, les parties les plus subtiles de la terre restent suspendues dans l'eau, tandis que toutes ses impuretés tombent au fond ; on purifie ensuite ce liquide épaissi en le faisant passer à travers des tamis de crin et de linon, après quoi on le mêle avec une terre liquide composée de silex calciné, pulvérisé, et tenu suspendu dans l'eau ; le mélange est alors séché au four, et lorsqu'on l'a suffisamment *vagué* ou battu, il devient propre à former au four des plats, des assiettes, des jattes et toutes sortes de vaisseaux.

Quand on met cette faïence au four pour la faire cuire, on

en dispose les différentes pièces dans des cases faites d'argile, qui sont placées les unes sur les autres sous le dôme du fourneau; on allume alors le feu, et la poterie est amenée par la chaleur au degré convenable pour recevoir le vernis. Cette marchandise acquiert par la cuisson la propriété d'attirer fortement l'humidité de l'air : dans cet état on l'appelle *biscuit*.

Lorsqu'on le sausse dans le vernis, composé d'eau épaissie par du blanc de plomb et du silex calciné, il attire ce liquide dans ses pores, et se sèche en très-peu de temps; on l'expose alors une seconde fois au feu, et il se forme une couverte luisante sur toute sa surface : la couleur de la couverte est plus ou moins jaune, suivant la quantité plus ou moins considérable de plomb qui a été employée.

Le plomb contribue principalement à donner à la poterie la couleur jaune et le vernis : le silex ne sert qu'à donner au plomb de la consistance pendant le temps de sa vitrification.

Les instrumens dont se sert le potier de terre sont l'attelle ou le calibre, pour former des moules; l'ébauchoir, petit morceau de bois taillé pour donner la forme à la terre; la scie ou fil de laiton, qui sert à détacher les ouvrages de dessus le plateau; le tournasoir, instrument de fer auquel on donne différentes formes, et qui sert à travailler le dessous des vases qu'on a détachés de dessus le plateau.

Les proverbes auxquels ont donné lieu la profession du potier et les ouvrages qu'il fait, sont ceux-ci : on dit d'un homme sans appui qui a un démêlé avec un homme de crédit et d'autorité, que *c'est le pot de terre contre le pot de fer*; d'un homme qui a la voix cassée, qu'il *parle comme un pot fêlé*; on dit encore pareillement et familièrement d'un homme qui s'écarte en tenant les mains sur ses hanches, qu'il fait *le pot à deux anses*; on dit figurément d'un homme qui, faisant profession d'être ami de quelqu'un, lui rend quelque mauvais office sous main, qu'il *le sert à plats couverts*.

LE CORROYEUR.

L'occupation du corroyeur est de préparer des peaux, à la sortie des mains du tanneur, pour les cordonniers, les carrossiers, les selliers, les relieurs, etc. La corroierie est la dernière préparation du cuir; elle le met dans la condition nécessaire pour être employé à des souliers, des selles, des harnais et des couvertures de livres : cette opération se fait

Le Corroyeur.

de deux manières : l'une sur *la chair*, et l'autre sur *la fleur ou le grain*.

Pour travailler le cuir du côté de la chair, il faut commencer par l'imbiber d'eau jusqu'à ce qu'il soit entièrement humecté ; puis on le râcle ou on l'écharne sur un chevalet, avec un couteau d'une construction particulière, et qui affecte différentes formes : cette opération est une des plus difficiles et des plus pénibles de la corroierie.

Les couteaux dont on se sert le plus ordinairement pour cette opération ont deux tranchans ;

les meilleurs sont d'étoffe, ou, comme nous l'avons dit plus haut, d'acier et de fer; on en rabat le fil avec un fusil.

Lorsque le cuir est convenablement écharné, on le mouille de nouveau, on le bat sur une pierre ou sur un billot, pour le dégager de son eau, et on le passe à la pierre ponce.

La peau est ensuite mise à l'essui, c'est-à-dire qu'on la suspend en l'air avec des crochets pour la sécher dans un endroit aéré; là, on l'enduit de substance huileuse, que l'on applique des deux côtés de la peau, mais en plus grande quantité du côté de la chair.

Lorsque la peau est entièrement sèche, elle subit différentes manipulations qui tendent toutes à l'adoucir.

La peau est ensuite parée, c'est-à-dire amincie avec un instrument appelé *lunette*, ayant la forme concave et à peu près semblable à celle d'une sébile.

Avant de parer une peau, on la déborde, c'est-à-dire qu'on enlève avec le *couteau à revers*, sur les bords de la peau, ce que la lunette doit enlever sur le milieu.

Pour parer une peau , on l'étend sur un bâton soutenu horizontalement , et qu'on appelle *paroir*. La peau ainsi tendue , l'ouvrier saisit la partie inférieure avec une pince qui est attachée à sa ceinture ; puis prenant sa lunette des deux mains , il enlève la partie charnue et grossière de la peau : cette opération est la plus délicate du corroyeur.

Après ces différentes manipulations, on la passe à l'huile; ce qui se fait en employant une composition faite de noir de fumée et d'huile ; puis on la frotte avec une brosse ou une éponge enduite de suif.

Quant à la peau que l'on corroie du côté du poil, l'opération est la même que celle du côté de la chair ; on y applique, pendant qu'elle est encore humide, le noir, qui consiste dans une dissolution de couperose dans de l'eau ; on en humecte le grain après qu'elle a été frottée avec une brosse trempée dans de l'urine. Lorsqu'elle est sèche, on la frotte sur le grain avec une autre brosse trempée dans de l'eau de couperose, jusqu'à ce qu'elle soit parfaitement noire ; après cela on la passe à la *paumelle* , instrument ainsi appelé parce qu'il garnit la paume de la main : c'est un outil carré de bois plat , et uni en dessus , mais arqué en dessous , et sillonné sur sa largeur, c'est-à-dire couvert de cannelures étroites. L'ouvrier tient sa paumelle par le moyen d'une manique dans laquelle il introduit sa main, et la passe fortement sur la peau pour la corroyer, la poncer et la terminer.

On graisse ensuite le cuir avec un mélange composé de suif et d'huile , et alors sa préparation est finie, et il peut être employé par le cordonnier.

On corroie, comme nous l'avons dit, des peaux pour l'usage des selliers et des bourreliers; mais les principales opérations nécessaires pour ces peaux sont à peu près les mêmes que celles que nous avons déjà décrites.

Les peaux destinées à former les *vaches* qu'on place sur l'impériale des voitures sont presque aussi minces que celles avec lesquelles se font les souliers; on les noircit aussi sur le grain.

Nous voyons dans la planche le corroyeur occupé à travailler;

à sa droite et à sa gauche sont des peaux qui ont subi une partie de l'opération de la corroierie, et derrière lui sont deux peaux absolument terminées, si ce n'est qu'elles n'ont pas été mises à l'essui.

L'usage des peaux est très-ancien; les premiers habillemens de l'homme ont été des peaux. Le maroquin se fait d'une espèce de peau de bouc; le parchemin n'est que de la peau de mouton étirée et corroyée.

Le véritable chamois est fait de la peau d'un animal qui porte ce nom, quoique souvent on le contrefasse avec de la peau de bouc et de mouton ordinaire.

Les femmes indiennes de la Caroline et de la Virginie savent fort bien apprêter les peaux de daims, et elles le font avec tant de célérité, qu'une seule femme en finit huit ou dix par jour.

Les différentes expressions proverbiales auxquelles la profession du corroyeur ou les substances sur lesquelles il travaille ont donné lieu, sont les suivantes : *du bien d'autrui faire large corroie*, est un proverbe qui signifie être libéral du bien d'autrui; on dit figurément *qu'il ne faut pas vendre la peau de l'ours avant de l'avoir pris*, pour indiquer que l'on ne doit pas songer à partager les dépouilles d'un ennemi avant que de l'avoir vaincu ; on appelle *contes de peau d'âne* des petits contes inventés pour l'amusement des enfans, et cela se dit à cause d'un vieux conte où l'on introduit une vieille femme habillée de la peau d'un âne.

Le Tonnelier.

LE TONNELIER.

———

Le tonnelier fabrique des tonnes, des cuves et cuviers, des tonneaux, des muids, des barils, des seaux et beaucoup d'autres articles utiles aux besoins de la vie : ces vaisseaux se font de merrain ou de petites planches de chêne fort étroites, appelées *douves;* quelquefois elles sont courbées; dans certains ouvrages elles sont droites. Les tinettes et les seaux, dont le fond est plus étroit que l'orifice, exigent des douves plus larges en haut qu'en bas ; ces douves sont assujetties par le moyen de cercles faits de bois de hêtre ou de coudrier ; mais il est des vaisseaux qui exigent des cercles de fer. Lorsque les douves ont trop de peine à se joindre, le tonnelier fait un feu de copeaux par terre, en dedans du tonneau ; ce qui resserre l'intérieur des douves et les dispose à se rapprocher. Quand les cercles d'un tonneau sont posés, l'ouvrier fait, avec le *bondonnoir*, le trou destiné à recevoir le bondon; il pare ensuite le dedans des douves, et forme une rainure appelée *jable*, dans laquelle doivent entrer les pièces de fond. (Le cercle qui est le plus près du bondon s'appelle le *premier bouge*; le second et le troisième se nomment *colleret* et *sous-colleret*; celui qui est sur le jable, *sommier*, et celui sur le peigne, *talus*.) Ces opérations terminées, on pose la barre, et on enfonce par-dessus, avec un maillet, des chevilles de bois dans les trous.

On compte un grand nombre d'outils employés par le tonnelier ; quelques-uns d'entre eux sont particuliers à son art, mais la plupart appartiennent également à cette profession et à celle du menuisier.

Nous voyons dans la gravure le tonnelier employé à monter un tonneau ; il tient dans sa main gauche un morceau de bois plat appelé *chassoir*, qu'il appuie sur le bord du cercle, tandis que de la main droite il frappe dessus avec un marteau (en France, on se sert du maillet) pour enfoncer les cercles ; il a la précaution de blanchir l'extérieur des douves avec de la craie avant de les poser, et assujettit le fond avec des peignes.

Le long du mur et par terre nous voyons des cercles de fer et de bois avec différens instrumens utiles, tels qu'une scie, une hache, des planes, un vilebrequin, une tarière et un bondonnoir : la tarière sert à percer des trous pour placer des robinets et des canules aux tonneaux. La planche en représente plusieurs qui sont suspendus contre le mur.

La doloire employée par le tonnelier est un instrument dont le fer recourbé a un tranchant horizontal avec lequel on dole ou égale le bois.

Le vilebrequin qui est au-dessus de l'épaule gauche de l'ouvrier est composé d'un manche et d'une mèche servant à percer les trous que remplacent les chevilles destinées à assujettir la barre. Comme souvent le tonnelier change de mèche , suivant la grandeur du trou qu'il veut former , cette mèche peut être remplacée par une autre d'un calibre différent. Indépendamment de ces outils, le tonnelier emploie encore la *calombe*, espèce de varlope; le *tiretoire*, sorte de pince à charnière, et semblable au *pélican* des dentistes, avec lequel il fait entrer de force les cerceaux sur les douves, et le *tire-fond*, anneau de fer auquel aboutit une vis, et qui sert à lever la dernière douve du fond du tonneau avant de la faire entrer dans la rainure. Un tonnelier bien outillé doit avoir encore un chevalet sur lequel il plane ses douves, une serpe pour couper ses osiers ou les bouts des cercles, et une scie à main dans la forme de celle qui est derrière la tête de l'ouvrier représenté dans la figure ; il ne peut pas non plus entreprendre son état sans être pourvu d'un haquet, d'un moulinet et de deux sortes de poulaines pour descendre les vins en cave.

Les tonneliers descendent les vins, cidres et bières, etc. ; dans les caves des bourgeois et des marchands de vin ; ils déchargent aussi sur les ports les vins qui arrivent par eau.

Le métier du tonnelier était autrefois compris dans ce qu'on appelle les cris de Londres, et l'on entendait à tout moment ces mots dans les rues, *qui a besoin du tonnelier?* On voit encore dans les provinces de ces tonneliers ambulans qui portent sur leur dos quelques cercles de différentes grandeurs, des peignes de bois, une hache et un vilebrequin. Avec ce petit nombre d'outils le tonnelier parvient facilement à réparer les baquets, à savonner et à brasser de la bière, ainsi que les battes à beurre et autres ustensiles de bois qui se voient dans les laiteries anglaises.

Tous les vaisseaux en mer ont ordinairement un tonnelier pour avoir soin des futailles qui contiennent de l'eau, de la bière, du vin ou des esprits.

Chaque douane anglaise salarie un officier appelé *tonnelier du roi*.

La profession, les instrumens et les matériaux du tonnelier ont donné lieu à quelques expressions proverbiales que nous allons citer. Proverbialement parlant, *tonneler* signifie faire tomber dans quelques piéges ; on dit donc : *Les parens de la fille ont si bien tonnelé le jeune homme, qu'ils la lui ont fait épouser ; déjeûner, dîner à fond de cuve*, est une expression pro-

verbiale qui signifie *manger am-
plement*; on dit d'un homme qui a la jambe tortue ou cour-bée, *qu'il a la jambe faite en doloire*.

LE TEINTURIER.

La profession du teinturier est celle de teindre de la toile, du drap, des laines, du coton, de la soie et autres matières d'une couleur permanente et durable, qui en pénètre la substance. L'art du teinturier diffère de celui de passer à la calandre, qui consiste non à donner une nouvelle couleur, mais à en rafraîchir une

Le Teinturier

vieille; il diffère aussi de celui de colorer, d'imprimer et de peindre, parce que dans ces différens travaux les couleurs ne font qu'atteindre la surface des étoffes.

La nature du travail du teinturier est très-bien représentée dans la figure.

Le secret de l'art de teindre consiste principalement dans des procédés empruntés de la chimie, et il nécessite une foule d'expériences du ressort de cette science. Les substances que l'on soumet principalement à la teinture sont la laine, le poil, la soie, le coton, le chanvre et le lin. Les productions animales, c'est-à-dire la laine, le poil et la soie, prennent plus promptement les couleurs que les substances végétales, telles que le coton, le chanvre et le lin, parce qu'elles semblent avoir une plus forte attraction pour les parties colorantes des matières employées.

La laine est d'une nature huileuse qui exige le dégraissage avant qu'on la soumette au procédé de la teinture.

La soie, avant d'être teinte, doit être lavée dans de l'eau

de savon, et ensuite dans une dissolution froide d'alun par l'eau.

Il faut absolument blanchir et passer à une lessive alcaline le coton et la toile ; on les lave ensuite dans une dissolution d'alun et d'eau, et ensuite dans une décoction de noix de galle, ou d'une liqueur astringente, que l'on tient aussi chaude que le manipulateur peut l'endurer.

La première opération de la teinture est l'application de ce qu'on appelle *un mordant*, c'est-à-dire qu'il faut employer quelque chose pour faire prendre aux substances la teinture, car elles s'imprègneront difficilement d'une couleur bon teint, si on ne fait que les plonger dans la liqueur colorante.

On emploie différens mordans pour la préparation des objets que l'on veut teindre.

L'alun est celui dont l'usage est le plus étendu ; on l'emploie toujours lorsqu'on veut teindre de la toile ou du coton. Les substances métalliques sont plus fréquemment employées comme mordans pour la teinture de la soie et de la laine, parce qu'elles ont une plus étroite attraction pour les matières animales que pour les matières végétales. Il n'y a que trois couleurs simples pour la teinture, le *rouge*, le *jaune* et le *bleu;* toutes les autres se composent de celles-ci. On obtient différentes nuances ou teintes d'une même couleur en employant des drogues différentes, ou en variant la quantité des principes colorans.

La cochenille, le kermès et la gomme laque, parmi les productions animales; parmi les productions végétales, le bois de Brésil, la garance et le safran bâtard, sont les principales substances employées pour teindre en rouge.

Toutes les matières dont on se sert pour obtenir le jaune sont des productions végétales; cependant les Anglais ont récemment découvert un jaune minéral pour lequel il a été accordé un brevet d'invention. Voici le procédé qu'il faut suivre pour obtenir cette matière colorante : on mêle avec une partie de sel commun deux parties de minium, et on forme du tout une pâte; l'alcali se sépare ou reste libre, et l'acide s'unit avec l'oxide de plomb; si ensuite on retire l'alcali en le lavant, et qu'on fasse fondre la masse restante dans un creuset après l'avoir fait sécher, on obtient une matière qui donne cette belle couleur appelée *jaune patenté*. Les principales matières qui donnent le *bleu* sont l'indigo, la gaude, le bois de Campêche et le bleu de Prusse.

Les couleurs composées s'obtiennent quelquefois en mêlant des couleurs simples dans le liquide employé, et quelquefois en teignant l'étoffe dans plusieurs bains différens de couleurs simples.

L'écarlate est la couleur la plus

belle et la plus éclatante de la teinture ; elle est aussi la plus chère et
la plus difficile à porter à sa per-
fection : la cochenille mestèque
ou tescalle est l'ingrédient qui
produit cette belle couleur. Pour
donner plus de vivacité à la cochenille, qui autrement forme-
rait le cramoisi, on emploie huit
onces d'acide nitreux qu'on affai-
blit en y jetant huit onces d'eau
de rivière ; on y dissout peu à peu
une demi-once de sel ammo-
niac bien blanc ; enfin on y
ajoute seulement deux gros de
salpêtre de la troisième cuite. (Le
salpêtre contribue à unir les cou-

leurs et à les faire prendre plus également.)

On fait dissoudre dans ce mélange une once d'étain d'Angleterre en lames, qui a été grenaillé auparavant en le jetant fondu d'un peu haut dans une terrine pleine d'eau froide; quand l'étain est ainsi dissous peu à peu, la composition d'écarlate est finie.

Les principaux instrumens propres à la teinture sont les suivans : le fourneau, les chaudières et le chevalet; le lissoir, pour tenir la soie ou la laine effilée qui passe dans les écheveaux ; la batte, pour les battre à mesure ; le fendoir ou *martin*, pour fendre le bois ; le champagne, cercle de fer garni de cordes, qui est suspendu dans la cuve, afin d'empêcher l'étoffe de toucher au marc ; le moulinet, pour tordre le drap quand on le sort de la cuve ; le jallier ou bâton, pour conduire les draps qui se teignent dans la chaudière à mesure qu'ils tournent ; le *chasse fleurée*, planche de bois qui sert à tirer l'écume pour que le drap n'en soit pas taché ; le mortier, pour broyer les drogues, et des balais de jonc pour nettoyer les chaudières.

Le travail du teinturier est pénible, et l'expose sans cesse à gagner des rhumes, parce que, pour retourner ses étoffes, il est obligé de mettre ses mains successivement dans de l'eau chaude et dans de l'eau froide.

La profession, les instrumens du teinturier et les matières qu'il emploie ont donné lieu à quelques expressions figurées et proverbiales ; on dit d'une personne à laquelle il reste des impressions d'une mauvaise éducation qu'elle a reçue, qu'*il lui est demeuré quelque teinture de libertinage* ; on dit figurément d'un homme qui se mêle de juger d'une chose qu'il ne sait pas, dont il n'a aucune connaissance, *qu'il en juge comme un aveugle des couleurs;* on appelle en peinture *couleurs amies* celles qui ne se font pas paraître réciproquement dures.

FIN DU PREMIER VOLUME.

TABLE

DES PROFESSIONS

DÉCRITES

DANS CE VOLUME.

FIN DE LA TABLE.